京权图字：01-2022-1478

图书在版编目 (CIP) 数据

孩子背包里的大自然. 发现浆果和蘑菇 ／（瑞典）艾玛·扬松（Emma Jansson）著、绘；徐昕译. ——
北京：外语教学与研究出版社，2022.6
　　ISBN 978-7-5213-3550-7

　　Ⅰ．①孩… Ⅱ．①艾… ②徐… Ⅲ．①自然科学－少儿读物②浆果类－少儿读物③蘑菇－少儿读物
Ⅳ．①N49②S663-49③S646.1-49

中国版本图书馆 CIP 数据核字 (2022) 第 065889 号

出 版 人　王　芳
项目策划　许海峰
责任编辑　于国辉
责任校对　汪珂欣
装帧设计　王　春
出版发行　外语教学与研究出版社
社　　址　北京市西三环北路 19 号（100089）
网　　址　http://www.fltrp.com
印　　刷　北京捷迅佳彩印刷有限公司
开　　本　889×1194　1/12
印　　张　2.5
版　　次　2022 年 7 月第 1 版　2022 年 7 月第 1 次印刷
书　　号　ISBN 978-7-5213-3550-7
定　　价　45.00 元

购书咨询：（010）88819926　电子邮箱：club@fltrp.com
外研书店：https://waiyants.tmall.com
凡印刷、装订质量问题，请联系我社印制部
联系电话：（010）61207896　电子邮箱：zhijian@fltrp.com
凡侵权、盗版书籍线索，请联系我社法律事务部
举报电话：（010）88817519　电子邮箱：banquan@fltrp.com
物料号：335500001

记载人类文明
沟通世界文化
www.fltrp.com

孩子背包里的
大自然

发现浆果和蘑菇

〔瑞典〕艾玛·扬松 著／绘

徐昕 译

外语教学与研究出版社
北京

浆果

大自然中既有可以吃的浆果，也存在有毒的浆果。出去采浆果的时候，一定要和成年人一起，千万不要去尝那些你不知道是什么的东西！

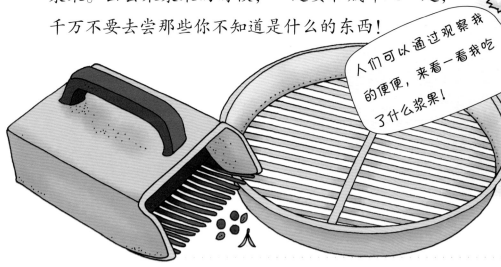

人们可以通过观察我的便便，来看一看我吃了什么浆果！

浆果采摘建议

我们可以用浆果采摘器来采摘越橘和蓝莓。采摘的时候小心一点，别把浆果弄破了。在采摘时尽量把浆果挑拣好，然后把它们倒入小一点的桶里，这样底部的浆果不容易被挤烂。回到家，最简单的办法是用一个箅（bì）子来筛选浆果。

可以食用的浆果有很多，比如北悬钩子、石生悬钩子、岩高兰、杜松子、玫瑰果、笃斯越橘、沙棘、黑刺李、醋栗等。

鸟和其他动物，比如狐狸，会通过排便的方式，将植物种子传播到大自然的各个地方。

黑果越橘汁　覆盆子汁　云莓果酱　红梅苺子干

北悬钩子

石生悬钩子

笃斯越橘

岩高兰

可能会与黑果越橘搞混

野草莓

野草莓也叫森林草莓，是蔷薇科、草莓属的植物，喜欢生长在森林里光照充足的地方，比如林间小路的两侧、伐木场和牧场这些地方。野草莓的花朵很小，是白色的；它们的果实是红色的，上面的小点点是它们的种子。野草莓在仲夏前后成熟，味甜，有香味，趁新鲜吃味道最好。

苹果房5号

黑莓

黑莓是蔷薇科、悬钩子属的植物，通常生长在光照充足的开阔地带。黑莓的花是两性花，可以自花传粉，一般在六月开放，颜色是白色的或粉红色的。它们的浆果近似球形，呈黑色或暗紫红色。黑莓的茎上大多长有锋利的刺，所以采摘时要十分小心。用黑莓浆果做成的果酱很好吃，把它们跟苹果混在一起做成面包派，味道也不错。

 # 云莓

云莓也叫兴安悬钩子，通常生长在树林中、沼泽中，被称为"沼泽里的金子"。没有成熟的云莓果实又硬又红，成熟后就变成了琥珀色，且十分多汁。云莓的浆果中含有丰富的维生素C。云莓白色的花朵对大雨和霜冻十分敏感，如果运气不好，初夏时节比较冷的话，会导致云莓不结果。云莓的浆果可以用来做成果酱，把云莓果酱涂在华夫饼、冰激凌上，会非常好吃。

红莓苔子

　　灰鹤喜欢在有红莓苔子生长的沼泽地里活动。你可能会想，灰鹤是不是喜欢吃这种酸果子？以前，人们把红莓苔子叫作沼泽莓。它们的花是粉红色的，果实是红色的。它们的果实经过霜冻后最好吃。如果你采来的果实没有经受过霜冻，可以把它们放进冰箱的冷冻室里，过一会儿再取出来，这样做和霜冻的效果一样。把红莓苔子的果实晒干后放在麦片粥里也很好吃。

黑果越橘

黑果越橘的花朵是粉红色的，十分香甜，果实表面有一层薄薄的、软软的果粉，能保护果实不被晒干。黑果越橘的果实中花青素含量较高，很容易沾染到别的物体上，因此被人们称为"告密的浆果"。你去森林里的时候，可以带上画板，试着用黑果越橘的浆果来画一幅画。黑果越橘不仅受到人类的喜爱，也受到狐狸、熊、松鸡等动物的喜爱。

覆盆子

覆盆子通常生长在乱石堆中、被砍伐过的森林里以及道路两旁。它们可以长到一米高，叶子的背面有灰白色的茸毛。覆盆子的花瓣呈白色，花蜜受到很多传粉者的喜爱。它们的果实通常为漂亮的红色，但也有少量是黄色的。有时我们可以在覆盆子的果实上看到小毛虫，那是一种甲虫的幼虫。覆盆子的叶子晒干后可以用来泡茶喝，美味的果实可以用来做果酱或是烤覆盆子派。

 # 越橘

越橘是灌木，通常10~30厘米高。它们厚厚的、光滑的叶子可以在整个冬天都保持绿色。越橘通常在6月份开花，花朵呈浅粉红色，形状像铃铛。果实在8~9月份成熟。它们的果实中含有一种天然的防腐剂，使得它们可以保存很长时间。越橘是狐狸和熊喜爱吃的食物。越橘与黑果越橘、红莓苔子同属一个家族。如果你采到了一种口感面面的、一点都不好吃的"越橘"，那么它有可能是越橘的一个亲戚——熊果。

巧克力覆盆子果酱

请在家长的指导下进行操作。

配料:

200 克白砂糖 →

1000 克覆盆子 →

50 克黑巧克力

操作步骤:

1. 将覆盆子和白砂糖放在平底锅里加热,不停地搅拌直到糖化成液体为止。

2. 继续加热,直到果酱温度达到 107℃,然后停止加热。

3. 测试一下效果,在果酱表面划一道线,如果这道线没有立刻合上,那么果酱就做好了。

4. 把巧克力掰碎,搅拌进热果酱里。

5. 把果酱放凉。

6. 把做好的果酱涂到刚烤好的煎饼上,味道棒极了。

小豆蔻越橘果酱

配料：

250 毫升水

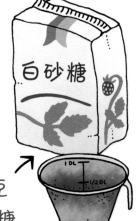

450 克
白砂糖

1000 克越橘

1 茶匙小豆蔻

操作步骤：

1. 在平底锅里放入准备好的越橘和水，将它们煮沸。

2. 去掉泡沫，加入白砂糖和小豆蔻。

3. 用文火煮，直到果酱的温度达到 107℃。

4. 测试一下效果，在果酱表面划一道线，如果这道线没有立刻合上，那么果酱就做好了。

5. 做好的果酱搭配肉丸子或是香肠吃，味道棒极了。

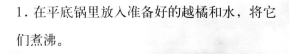

小豆蔻
越橘果酱

 # 蘑菇

蘑菇有很多种，有些是可以食用的，而有些是有毒的。

在这本书里，我们将介绍那些子实体长在地面上的蘑菇。

蘑菇喜欢在暖湿环境中生长。遇到干旱的夏季，就没多少蘑菇可以采了。

子实体

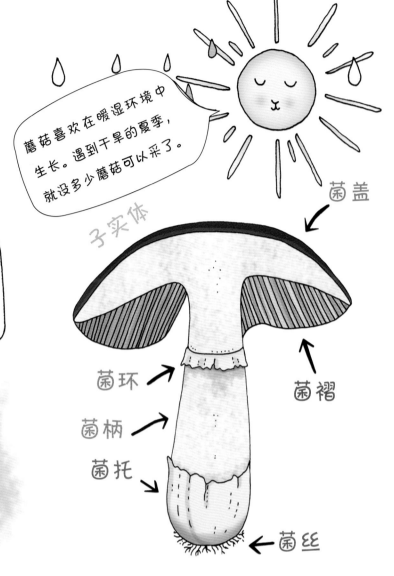

菌盖

菌环

菌柄

菌托

菌褶

菌丝

同一种蘑菇因为生长年龄不同，外观也会有所不同。

蘑菇采摘建议

采摘、挑选蘑菇时，一定要有一个熟悉蘑菇的专业人士陪同。如果你不确定自己找到的是什么蘑菇，那就让它留在森林里，千万不要采。

要把采到的蘑菇放到篮子里，而不是塑料袋里，这样它们不容易滋生霉菌。到家后，你可以把蘑菇放到餐巾纸上，然后清理一下附着在蘑菇上面的针叶和苔藓。仔细检查每一个蘑菇，看看它们是不是可以食用的种类，有没有被虫子吃过。蘑菇必须做熟后才能吃。

事实上，我们称之为"蘑菇"的部分，只是蘑菇的子实体。

蘑菇的菌盖上长着孢子。孢子可以说是蘑菇的种子，它们随风播撒，形成新的蘑菇。也许你曾经踩到过一些奇怪的圆球，对吧？有些人管它们叫"放屁蘑菇"，当我们踩到这些蘑菇的时候，它们就会释放出孢子。

采蘑菇的地点常常只在亲戚和朋友之间口口相传。

绣球菌

在老松树旁的地面上，你可以找到米色的绣球菌。它们的形状像花椰菜，看起来卷卷的，和较大的珊瑚菌外形很相似。绣球菌有一股森林的清新香气，它们还没有长到太大的时候，味道很好。绣球菌可以长到20~30厘米高，重量可达好几千克！它们清洗起来有点费劲，因为昆虫和蜗牛喜欢钻进绣球菌里面藏起来。你最好记住是在哪里找到这些绣球菌的，因为它们常常会年复一年地在同样的地方重新长出来，也许你还能在那里找到新的绣球菌。

管形喇叭菌

在林地的苔藓上很难找到这些"小喇叭"，但如果你发现了一个，就一定能在同一个地方发现很多。管形喇叭菌菌盖的形状和颜色都很像落叶。它们喇叭形的菌盖中间有一个洞，菌柄是中空的。采摘管形喇叭菌时要仔细辨别，因为带有剧毒的细鳞丝膜菌喜欢跟管形喇叭菌生长在一起，小心别把细鳞丝膜菌带回家！新鲜的或晒干的管形喇叭菌都可以用来跟别的菜一起炖汤，味道很鲜美。

 # 薄喇叭菌和
灰喇叭菌

薄喇叭菌的菌盖带点波浪卷，颜色跟管形喇叭菌的一样，就像一片老树叶。它们的菌柄是中空的，呈棕黄色。7月到10月间可以在沼泽地里找到薄喇叭菌，棕黄色的薄喇叭菌很容易跟润滑锤舌菌混淆。

灰喇叭菌的菌柄也是中空的，形状呈喇叭状，颜色为黑色或灰色，通常生长在阔叶林或长满苔藓的针叶林和混合林中。

薄喇叭菌和灰喇叭菌的味道很好，可以用来做汤或者做成酱，也可以晒干储存。

# 鸡油菌

在仲夏前后，你就可以在森林小径上看到小小的鸡油菌了。刚长出来的鸡油菌，菌盖是平的，形状像一颗颗纽扣。长大后的鸡油菌菌盖是卷曲的，很宽大，有时可达 10 厘米宽。运气好的话，你可以在同一个地方找到很多金色的鸡油菌。鸡油菌有着森林的清新香气，不仅受到人类喜爱，也受到很多野生动物的喜爱。

美味牛肝菌

　　美味牛肝菌的菌盖是棕色的，最外侧带着浅色的边。菌柄是浅棕色的，带着细密的网纹。跟鸡油菌不同，它们的菌盖下没有菌褶，而是有菌管。新生美味牛肝菌的菌管是浅色的，老一点的菌管是黄绿色的。美味牛肝菌是食用菌，既可以直接冷藏，也可以晒干储存。松鼠、鼻涕虫等动物很喜欢吃美味牛肝菌。人们常把美味牛肝菌与难吃的苦粉孢牛肝菌弄混。一定要注意，美味牛肝菌受到金孢菌寄生的侵害后，就不能吃了。

鸡油菌面包片

4 人份配料：

2 勺黄油 →

100 毫升 泡沫奶油

4 人份面包

500 ~ 1000 克 鸡油菌 →

1 个洋葱，切碎

1 根香菜，切碎

操作步骤：

1. 将鸡油菌清洗干净、切好，将洋葱切碎。

2. 用黄油煎炒鸡油菌 3 ~ 4 分钟，注意不要让鸡油菌颜色改变太多。

3. 加入切碎的洋葱和香菜，倒入泡沫奶油，一起炖煮。

4. 将面包片的边切掉，用烤面包机烤一下。

5. 将炖煮好的鸡油菌浇到面包片上。

如果想让味道偏成人口味一点，可以配上黑胡椒粉、橄榄油和干酪。

美味牛肝菌意大利面

4 人份配料：

200 克美味牛肝菌，切成大约 3 × 3 厘米大小

100 克干酪

干酪

1 个洋葱，切碎

4 人份意大利面

意大利面

操作步骤：

1. 用黄油将美味牛肝菌煎炒至金棕色，停止加热，加入洋葱。

2. 用水将面条煮软，水中放少许盐。

3. 将面条捞出，跟美味牛肝菌和切碎的干酪拌在一起。

在意大利面上放一些切碎的新鲜罗勒，味道会很好！

几种有毒的蘑菇

不要采带菌环和菌托的蘑菇，以及背面是红色、粉红色的蘑菇！

不要采带白色鳞片的白色蘑菇，或带棕色鳞片的棕色蘑菇！

毒鹅膏

鳞柄白鹅膏

毒蝇鹅膏菌

鹿花菌

细鳞丝膜菌

几种有毒的浆果

请牢记这些毒浆果和毒蘑菇的信息！

欧亚瑞香

铃兰

舞鹤草

欧鼠李

20

❀ 索引 ❀

我藏在了书中，你能发现我吗？